AF357309

DICTIONNAIRE

DES

SCIENCES NATURELLES.

PLANCHES.

ZOOLOGIE : ORNITHOLOGIE.

STRASBOURG, DE L'IMP. DE F. G. LEVRAULT.

DICTIONNAIRE

DES

SCIENCES NATURELLES.

Planches.

2.ᵉ PARTIE : RÈGNE ORGANISÉ.

Zoologie.

ORNITHOLOGIE,

PAR

M. DUMONT DE SAINTE-CROIX,

Membre de plusieurs Sociétés savantes.

PARIS,

F. G. LEVRAULT, LIBRAIRE-ÉDITEUR, rue de la Harpe, n.º 81,
Même maison, rue des Juifs, n.º 33, à STRASBOURG.
1816 — 1830.

TABLE DES PLANCHES

DU

DICTIONNAIRE DES SCIENCES NATURELLES.

ZOOLOGIE.

ORNITHOLOGIE.

N.º d'ordre.	FAMILLES.	GENRES ET ESPÈCES.	RENVOI AU TEXTE. Tome.	Page.	N.º du cahier.
1	Vautours.........	Roi des vautours	56	534	1
		Vautour brun...........	56	518	
2	Idem...........	Percnoptère d'Égypte.....	56	542	1
		Griffon (*Lämmer-Geyer*)..	20	162	
3	Idem..........	Grand vautour des Andes..	56	529	53
4	Faucons.........	Faucon ordinaire.........	16	210	5
	Gerfauts........	Gerfaut	16	229	5
5	Aigles..........	Aigle commun...........	1	344	1
			1 S.	83	
		Pygargue...............	1	349	
			1 S.	83	
6	Idem..........	Balbuzard..............	1	351	3
			1 S.	83	
		Caracara...............	7	5	
7	Idem..........	Huppart................	1	360	2
			1 S.	83	
		Petit autour de Cayenne.	1	360	
			1 S.	83	
8	Idem...........	Grande harpie d'Amérique	1	353	2
			1 S.	83	
			20	304	
		Petit aigle de la Guiane.	1	335	
			1 S.	83	
9	Idem..........	Aigle destructeur........	1	353	53
			1 S.	83	
			20	304	
10	Autours	Autour de la Nouvelle-Hollande...............	15	36	5
	Éperviers.......	Épervier brun moucheté..	15	30	5
11	Buses..........	Bondrée huppée de Java..	5	147	8
			5 S.	21	
		Buse à queue blanche ...	5 S.	152	
12	Milans..........	Milan parasite...........	31	60	8

N.° d'ordre.	FAMILLES.	GENRES ET ESPÈCES.	RENVOI AU TEXTE. Tome.	Page.	N.° du cahier.
12	Milans...... ..	Élanier ou Milan de la Caroline...............	31	63	8
13	Buzards........	Buzard à sourcils blancs...	5 S.	147	7
	Messagers......	Messager................	48	295	
14	Chouettes......	Grand duc..............	9	100	11
		Chat huant.............	8	245	
			9	94	
15	Pie-grièches.....	Pie-grièche commune....	40	221	9
		= = lunulée......	40	221	
16	*Idem*.........	= = Geoffroy.....	40	221	
		Langrayen à ligne blanche.	25	236	
17	*Idem*..........	Cassican à queue étagée..	7	222	
		Bécarde grise...........	4	187	
			40	221	
18	*Idem*..........	Choucari violet, mâle....	9	93	
		Béthyle pie............	4 S.	82	
19	Tyrans.........	Tyran à ventre jaune....	33	77	7
			56	196	
	Moucherolles...	Schet roux du Sénégal....	48	60	
20	*Id.* à queue courte	Fourmillier à oreilles blanches................	17	314	
	Gobe-mouches...	Gobe-mouche à ventre rouge de la Nouvelle-Hollande.	33	75	
				81	
21	Gymnocéphales..	Choucas chauve.........	9	93	
			11	31	
	Céphaloptères...	Céphaloptère orné du Brésil	7	410	
22	Philédons......	Philédon moine.........	39	478	53
	Procnias.......	Procnias à gorge nue et caronculée............	11	28	
			43	343	
23	Cotingas.......	Cotinga cordon bleu.....	11	25	35
		Jaseur de Bohème.......	24	185	
24	Drongos.......	Drongo à rames.........	13	512	49
	Martins........	Martin brame..........	29	264	
25	Tangaras.......	Tangara chlorotique.....	52	196	6
			3 S.	16	
		Grand tangara de la Guiane	52	186	
				188	
26	*Idem*..........	Tangara du Canada......	44	138	7
			52	186	
				203	
		Jacapa.................	24	83	
			44	434	
27	*Idem*.........	Diable enrhumé........	13	129	6
			52	191	
		Palmiste...............	37	291	
			52	100	

N.° d'ordre.	FAMILLES.	GENRES ET ESPÈCES.	Tome.	Page.	N.° du cahier.
28	MERLES.........	Merle commun...........	30	130	35
	LORIOTS........	Loriot d'Europe..........	27	210	
29	MERLES.........	Gralline noire et blanche..	19	180	
				181	
		Cincle ou Merle d'eau....	9	234	
30	CORBEAUX.......	Oiseau de paradis rouge..	37	506	32
		Mainate de Java.........	28	100	
31	LYRES..........	Ménure lyre...........	27	442	35
			30	50	
32	BEC-FINS OU SYLVAINS.	Traquet commun........	55	145	24
		Rouge-gorge à dos bleu...	4	247	
				325	
			46	390	
33	SYLVAINS.........	Fauvette subalpine (mâle).	16	252	36
		Mérion natté...........	30	117	
34	Idem..........	Rossignol commun.......	4	211	24
			1 S.	15	
		Pégot des Alpes.........	4	236	
			38	233	
35	Idem..........	Troglodyte d'Europe......	4	261	25
			55	403	
		Roitelet huppé..........	46	159	
36	BEC-FINS........	Hochequeue lavandière...	21	262	
		Farlouse pipi...........	16	193	
			41	105	
37	MANAKINS.......	Manakin tijé...........	28	482	33
		Rupicole orangé ou Coq de roche.................	46	452	
38	Idem..........	Eurylame corydon.......	S.	—	53
		Coq de roche ou Rupicole vert.................	46	453	
39	HIRONDELLES....	Martinet commun........	29	283	25
		Hirondelle des fenêtres...	21	214	
40	ENCOULEVENS....	Podarge gris...........	42	54	27
		Engoulevent d'Europe....	14	468	
41	MÉSANGES.......	Mésange bleue..........	30	188	
	ALOUETTES......	Alouette cochevis........	1	503	24
42	MOINEAUX......	Bruant commun........	5	356	
		Passerine à cou noir.....	38	39	27
43	Idem..........	Moineau friquet........	31	543	25
		Tisserin républicain......	54	410	
44	Idem..........	Pinson commun........	41	77	24
			8	190	
		Chardonneret commun....	17	293	
			26	528	
45	Idem..........	Veuve à épaulettes.......	41	88	27
		Gros-bec commun........	19	477	

N.º d'ordre.	FAMILLES.	GENRES ET ESPÈCES.	RENVOI AU TEXTE. Tome.	Page.	N.º du cahier.
46	Moineaux	Bouvreuil ordinaire	5	289	25
			5 S.	58	
		Bec-croisé commun.......	4	177	
47	Idem	Coliou à dos blanc..	10	60	
		Durbec rouge	13	560	
48	Merles.........	Pique-bœuf d'Afrique	41	114	29
	Corbeaux	Glaucope cendré........	19	32	
49	Troupiales	Cassique huppé..........	6	93	
			7	231	
		Troupiale à queue étagée..	55	496	
50	Idem	Carouge jamacaii..........	7	131	28
			55	500	
		Pit-pit bleu.............	41	169	
51	Étourneaux	Étourneau commun	15	198	
	Sittelles.......	Sittelle commune ou Tor-chepot	49	345	27
52	Corbeaux.......	Corbeau commun	10	378	
		Pie d'Europe...........	40	214	
53	Idem	Geai d'Europe...........	18	252	30
		Cassenoix ordinaire	7	218	
54	Idem	Rollier commun	46	177	
		Rolle de Madagascar.....	46	173	32
55	Huppes.........	Épimaque proméfil.......	15	77	
	Sittelles.......	Synallaxe du Chili	51	438	53
56	Grimpereaux. ...	Grimpereau d'Europe.....	19	458	
		Picucule de Cayenne.....	40	210	30
57	Idem	Guit-guit noir et bleu.....	20	87	
		Échelette ou Grimpereau de muraille.............	14	167	33
58	Idem	Fournier Lesson	17	331	
		Sucrier des Antilles......	50	1	53
			51	268	
		Héorotaire écarlate.......	20	569	
59	Idem	Souï - manga à plastron rouge................	50	26	33
60	Colibris	Colibri topaze	10	44	
		Oiseau-mouche à long-bec.	35	491	
61	Huppes.........	Épimaque à paremens frisés	15	77	
		Huppe commune.........	22	49	
62	Guépiers.......	Guépier commun	20	46	34
	Momots	Momot à tête bleue......	32	422	
63	Martin-pêcheurs.	Alcyon Vintsi............	1	456	
		⹀ inédit de la Nou-velle-Hollande.......	1	445	4.
64	Todiers	Todier vert.............	54	475	
	Moucherolles...	Platyrhynque brun.......	41	344	33
65	Calaos.........	Calao rhinocéros........	6	198	35

N.° d'ordre.	FAMILLES.	GENRES ET ESPÈCES.	Tome.	Page.	N.° du cahier.
66	Jacamars........	Jacamar à queue rousse..	24	72	34
		Jacamerops jacamarici....	24	74 77	
67	Pics...........	Pic vert................	40	169	33
		Torcol d'Europe..........	54	530	
68	Coucous........	Coucou d'Europe.........	11	103	
		Coua huppé de Madagascar.	11	129	
69	Idem..........	Coucal noirou...........	11	141	
		Courol vouroudriou.......	11	445	
70	Idem..........	Petit indicateur.........	11	150	17
		Barbacou à bec rouge....	11	151	
71	Idem..........	Scythrops de la Nouvelle-Hollande............	48	247	
			46	375	
		Malcoha rouverdin......	52	191	
72	Barbus........	Barbu à gorge noire......	4	46	33
			4	55	
		Tamatia noir et blanc....	52	166	
73	Anis...........	Petit ani..............	2	155	34
	Couroucous.....	Couroucou à ventre jaune..	11	258	
74	Toucans........	Aracari à ceinture rouge..	2	310	33
			55	23 34	
		Toucan Toco...........	55	28	
75	Perroquets....	Ara tricolor...........	2	309	12
			39	23	
		Kakatoès banksien.......	39	118	
76	Idem.........	Perroquet noir à trompe..	39	94	
		Perruche ingambe........	39	68	
77	Touracos.......	Touraco louri...........	55	54	30
	Musophages....	Musophage violet........	33	448	
78	Alectors.......	Hocco mitou...........	1 S.	111	
			21	255	
	Peintades......	Peintade commune.......	38	269	
79	Paons.........	Paon domestique........	37	352	18
	Dindons.......	Dindon domestique......	13	257	
80	Faisans........	Coq ordinaire..........	16	226	
		Faisan doré............	16	156	
81	Tétras........	Rouloul de Malaca.......	46	338	50
		Turnix à bandeau noir...	56	133	
82	Faisans........	Faisan Argus ou Luen....	16	159	54
83	Idem.........	Monaul resplendissant....	32	438	
84	Tétras........	Tinamou du Brésil.......	54	386	18
			59	204	
		Grand tétras............	53	321	
85	Idem.........	Caille nattée (mâle)......	6	160	36
			38	448	

N.° d'ordre.	FAMILLES.	GENRES ET ESPÈCES.	RENVOI AU TEXTE. Tome.	RENVOI AU TEXTE. Page.	N.° du cahier.
85	TÉTRAS	Perdrix rouge	38	431	36
86	KAMICHIS	Mégapode ou Tavon huppé	29	414	54
	TÉTRAS	Francolin criard	38	443	
87	PIGEONS	Colombar ou Pigeon d'Abyssinie	10	82	50
			40	368	
		Goura ou Pigeon couronné des Indes	40	302	
88	BRÉVIPENNES	Autruche de l'anc. contin.	3	315	13
89		Casoar à casque	7	199	
90	OUTARDES	Grande Outarde	37	105	
	PLUVIERS	Pluvier à collier	42	23	
91	VANNEAUX	Vanneau commun	56	477	19
	HUITRIERS	Huîtrier	22	33	
92	CARIAMA	Cariama	7	99	
	COURE-VITE	Coure-vite	11	229	
93	GRUES	Agami	1	277	3
		Grue couronnée	19	523	
94	*Idem*	Héron commun	21	80	19
		Savacou	47	527	
95	COURLIS	Rhynchée de Madagascar	45	425	23
	GRUES	Caurale d'Amérique	7	289	
96	CICOGNES	Cigogne blanche	9	209	
	JABIRUS	Jabiru	24	62	
97	OMBRETTES	Ombrette	36	100	19
	BEC-OUVERTS	Bec-ouvert	4	186	
			8	51	
98	SPATULES	Spatule rose	50	109	20
	TANTALES	Tantale d'Afrique	52	209	
99	BÉCASSES	Bécasse ordinaire	4	109	24
			4 S.	56	
		Barge commune	4	63	
			4 S.	17	
100	*Idem*	Ibis sacré	22	418	20
		Courlis d'Europe	11	248	
101	*Idem*	Maubèche grise	29	352	53
			10	109	
		Combattant	29	351	
			55	325	
102	*Idem*	Tourne-Pier.e, Coulon chaud	55	101	49
		OEdicnème à longs pieds	35	406	
103	*Idem*	Echasse à manteau noir	14	159	21
	AVOCETTES	Avocette à calotte noire	3	337	
104	BÉCASSES	Phalarope roux	39	422	49
		Héliorne ou Grèbe-foulque	20	473	
105	KAMICHIS	Kamichi cornu	24	338	23
	JACANAS	Jacana commun	24	78	

N.o d'ordre.	FAMILLES.	GENRES ET ESPÈCES.	RENVOI AU TEXTE. Tome.	Page.	N.o du cahier.
106	RALES	Râle-d'eau d'Europe......	44	409	22
	FOULQUES.......	Foulque maurelle........	17	286	
107	Idem..........	Hydrogalline ou Poule d'eau commune.............	22	180	49
		Talève ou Poule sultane ordinaire.............	52	145	
108	GLARÉOLES......	Glaréole perdrix........	19	24	22
	FLAMMANTS......	Flammant commun......	17	93	
109	CANARDS........	Céréopsis cendré........	7	449	35
	VAGINALES......	Coléoramphe blanc, ou Bec-en-fourreau...........	10	36	
110	PLONGEONS......	Grèbe cornu...........	19	344	
		Grand plongeon........	41	549	14
111	PINGOINS........	Pingouin commun.......	41	55	
	MANCHOTS.......	Grand manchot.........	29	10	
112	PÉTRELS.......	Pétrel damier.........	39	234	23
	MOUETTES.......	Stercoraire parasite......	25	5	
			50	509	
113	ALBATROS.......	Albatros commun (jeune)..	1	424	
	GOÉLANDS......	Goéland à manteau gris..	19	153	4
			33	112	
114	BEC-EN-CISEAUX...	Bec-en-ciseaux.........	4	173	23
	HIRONDEL. DE MER.	Sterne, Pierre-Garin.....	50	522	
115	PÉLICANS........	Pélican blanc..........	10	426	25
			38	310	
		Fou de Bassan.........	17	274	
				275	
116	Idem..........	Frégate ordinaire........	17	369	50
		Grand Cormoran........	10	448	
117	PAILLE-EN-QUEUE.	Paille-en-queue ou Phaëton	37	234	24
			39	396	
	ANHINGAS.......	Anhinga.............	2	146	
118	CANARDS........	Cygne noir...........	12	314	23
		Oie sauvage...........	35	458	
119	Idem..........	Canard ordinaire (mâle)..	6	364	24
		Harle huppé..........	20	294	

FIN DE LA TABLE DE L'ORNITHOLOGIE.

TABLE

ALPHABÉTIQUE DES PLANCHES DE L'ORNITHOLOGIE.

(Le chiffre indique l'ordre de la planche.)

Pedie pinx.   Turpin direx.   Coutant sculp.

VAUTOURS { 1 le Roi des Vautours.
          { 2 le Vautour *brun*.

VAUTOURS { 1 *PERCNOPTÈRES*   le Percnoptère *d'Egypte*.
          { 2 *GRIFFONS*   le Lœmmer geyer.

CONDOR ou GR.ᵈ VAUTOUR des Andes.

1. *FAUCONS.* le Faucon ordinaire.

2. *GERFAULTS.* le Gerfault.

AIGLES { 1 AIGLES   l'Aigle *commun*.
{ 2 AIGLES *pêcheurs*   le Pygargue.

AIGLES. {
1 *BALBUZARDS*. le Balbuzard.
2 *CARACARAS*. le Caracara.
}

AIGLES.   1. *AIGLES AUTOURS À TARSES EMPLUMÉS*. le huppart.
          2. *CYMINDIS*. le petit autour *de Cayenne*.

{ 1. *HARPIES.*   la grande harpie *d'Amérique*.
AIGLES.
{ 2. *AIGLES AUTOURS.* le petit aigle *de la Guiane*.

Pretre pinx. *Turpin direx.* *Massard sculp.*

AIGLE destructeur. a *Tête vue de profil.*

1. *AUTOURS.* l'Autour de la nouvelle hollande.

2. *EPERVIERS.* l'Epervier brun moucheté.

BUSES.
1. *BONDRÉES.* Bondrée huppée, *de Java.*
2. *PROPREM.t DITES* Buse à queue blanche.

MILANS. { 1. *PROPREM.^t DITS* Milan parasite.
{ 2. *ÉLANIERS*. El. ou milan de la Caroline.

1. *BUZARDS.* le B. à sourcils blancs.

2. *MESSAGERS.* le Messager.

Pretre pinx.t   Turpin direx.t   Coqpard sculp.t

CHOUETTES { 1. *A AIGRETTES*. Grand Duc.
{ 2. *SANS AIGRETTES*. Chat-Huant.

a. *Bec du Grand Duc, vu de profil, de grandeur nat.^{elle}*

PIE-GRIÈCHES. { 1. *PROPREMENT DITES.* Pie-grièche *commune.*

{ 2. *A BEC DROIT, RENFLÉ.* Pie-grièche *bistulée.*

PIE-GRIÈCHES.

1. *A BEC DROIT, GRÊLE.* Pie-grièche *geoffroy.*

2. *HIRONDELLES.* Langraven *à ligne blanche.*

1. CASSICAN à queue étagée.

2. BÉCARDE grise.

PIE - GRIÈCHES.
{ 1. CHOUCARIS. Choucari violet (mâle)
{ 2. BETHYLES. Bethyle pie

1. TYRANS. le T. à ventre jaune.

2. MOUCHEROLLES. le Schet roux du Sénégal.

1. MOUCHEROLLES A QUEUE COURTE. le Fourmillier à oreilles blanches.

2. GOBE-MOUCHES. le G.M. à Ventre rouge de la nouvelle hollande.

1. *GYMNOCÉPHALES* le Choucas chauve.

2. *CÉPHALOPTÈRES*. Céphaloptère orné *du brésil*.

Prêtre pinx.t   Turpin direx.t   Massard sculp.t

1. *PHILÉDON* moine. 1.a. Bec vu en dessus.

2. *PROCNIAS* à gorge nue et caronculée.

1. COTINGA cordon bleu.

2. JASEUR de Bohême.

1. *DRONGO* à rames.

2. *MARTIN* brame.

Pierre pinx.   Turpin direx.   Gayard sculp.

TANGARAS EUPHONES. 1 le Chlorotique.

TANGARAS.

TANGARAS GROS BECS. 2 le G.ᵈ Tan.ʳ *de la Guiane.*

Pierre pinx.t   Capor. dir.   Guyard sculp.

TANGARAS. { 1. *CARDINALS. T. C.* du Canada.
{ 2. *RAMPHOCELE.* le Jacapa.

TANGARAS.

TANGARAS PROPREM.^T DITS. 1 le Diable enrhumé.

TANGARAS LORIOTS. 2 le Palmiste.

1. MERLE commun.

2. LORIOT d'Europe.

1. *GRALLINE* noire et blanche.

2. *CINCLE ou MERLE D'EAU.*

1. OISEAU DE PARADIS rouge.

2. MAINATE de Java.

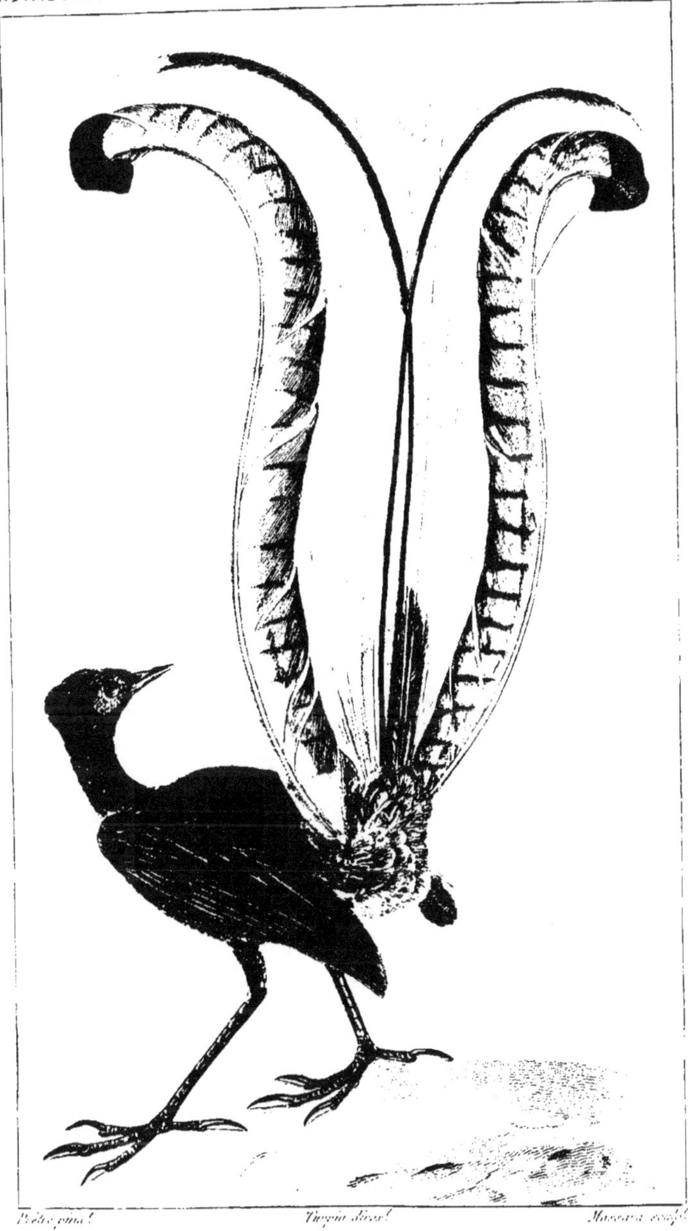

MÉNURE lyre.

1. *TRAQUET* commun.

2. *ROUGE-GORGE* à dos bleu.

Prêtre pinx!   Turpin direx!   Massard sculp!

1. *FAUVETTE* subalpine. *(mâle.)*

2. *MÉRION* natté.

1. *ROSSIGNOL* commun.

2. *PÉGOT* des Alpes.

1. *TROGLODYTE* d'Europe.

2. *ROITELET* huppé.

1. *HOCHEQUEUE* lavandière.

2. *FARLOUSE* pipi.

Prêtre pinx.^t   Turpin direx.^t   Massard sculp.^t

1. MANAKIN tijé.

2. RUPICOLE orange ou COQ DE ROCHE.

1. *EURYLAUME* corydon. 1.a. *Bec vu en dessus.*

2. *COQ* de roche ou *RUPICOLE* vert. 2.a. *Bec vu de profil.*

1. MARTINET commun.

2. HIRONDELLE des fenêtres.

Pretre pinx.t   Turpin direx.t   M. Bourey sculp.t

1. *PODARGE* gris.

1.a. Bec vu de face. 1.b. Mandibule supérieure, vue en dessus. 1.c. Ongle détaché.

2. *ENGOULEVENT* d'Europe.

2.a. Mandibule supérieure, vue en dessus. 2.b. Ongle du milieu dentelé.

1. MÉSANGE bleue.

2. ALOUETTE cochevis.

1. *BRUANT* commun.

2. *PASSERINE* à cou noir.

1. *MOINEAU* friquet.

2. *TISSERIN* républicain.

1. PINSON commun.

2. CHARDONNERET commun.

1. *VEUVE* à épaulettes.

2. *GROS-BEC* commun.

3. *Bec du* Phytotome.

Prêtre pinx.[t]   Turpin direx.[t]   Massard sculp.[t]

1. *BOUVREUIL* ordinaire.

2. *BEC-CROISÉ* commun.

Redouté pinx.t   Turpin direx.t   M.e Rebel sculp.t

1. COLIOU à dos blanc.
2. DURBEC rouge.

1. *PIQUE - BŒUF* d'Afrique.
2. *GLAUCOPE* cendré.

1. *CASSIQUE* huppé. 1.a. *Bec vu en dessus.*

2. *TROUPIALE* à queue étagée. 2.a. *Bec vu en dessus.*

1. *CAROUGE* jamacaii.

2. *PIT - PIT* bleu.

1. *ÉTOURNEAU* commun.

2. *SITTELLE* commune *ou* torchepot.

.ire pinx.   *Turpin direx.*   *Massard sculp.*

CORBEAU commun.

PIE d'Europe.

1. *GEAI* d'Europe.

2. *CASSENOIX* ordinaire.

ROLLIER commun.

ROLLE de Madagascar.

1 Grand. nat. 1.a Bec ou de face ; 2 Grand. nat.

1. EPIMAQUE proméfil.

2. SYNALLAXE du Chili.

Prêtre pinx.t   Turpin direx.t   Robel sculp.t

1. GRIMPEREAU d'Europe.
2. PICUCULE de Cayenne.
1. 2. 2.a. de grandeur naturelle.

1. *GUIT - GUIT* noir et bleu.

2. *ECHELETTE ou GRIMPEREAU* de muraille.

Prêtre pinx.!   Turpin direx.!   Massard sculp.!

1. FOURNIER Lesson.

2. SUCRIER des Antilles.

1. HÉOROTAIRE écarlate.

2. SOUI-MANGA à plastron rouge.

Girard pinx.   Turpin direx.   Massard sculp.

1. COLIBRI topaze.

2. OISEAU-MOUCHE à long-bec.

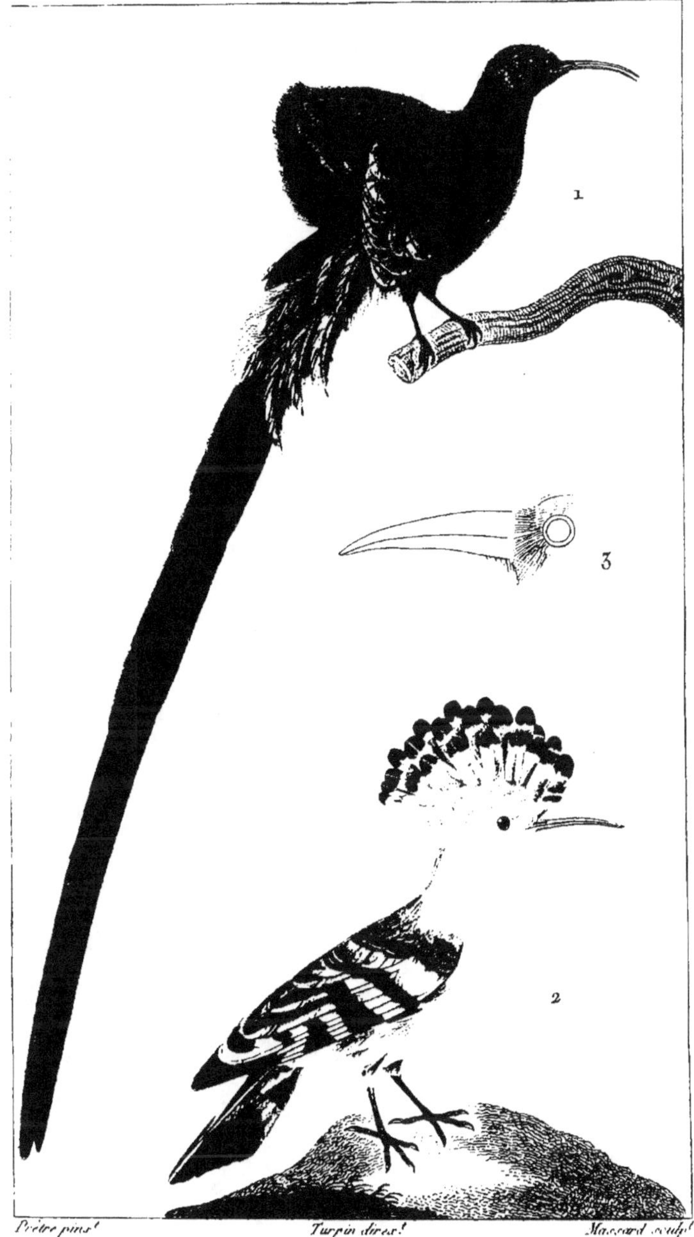

1. PROMÉROPS ou ÉPIMAQUE à paremens frisés.
2. HUPPE commune. 3. Bec de Crave d'Europe.

1. *GUÊPIER* commun.

2. *MOMOT* à tête bleue.

Pecœu pinx.ᵗ   Turpin direx.ᵗ   Coutant sculp.ᵗ

ALCYONS TÉTRADACTYLES.
1. HUPPÉS. l'alcyon Vintsi.
2. SANS HUPPES. alcyon inedit de la Nᵉˡˡᵉ hollande.

Prêtre pinx.￭   Turpin direx.￭   Giraud sculp.￭

1. *TODIER* vert. 1.a. *Bec vu en dessus.*

2. *PLATYRHYNQUE* brun. 2.a. *Bec vu en dessus.*

CALAO rhinocéros.

1. *JACAMAR* à queue rousse.

2. *JACAMEROPS* jacamarici.

Prêtre pinx.t   Turpin direx.t   Bebel sculp.t

1. PIC vert.

2. TORCOL d'Europe.

COUCOUS.
1. PROPREMENT-DITS. Coucou d'Europe.
2. COUAS. Coua huppé de Madagascar. 3. Bec du Tacco.

Pretre pinx.!   Turpin direx.!   Guyard sculp.!

COUCOUS.
1. COUCALS. Coucal noirou. (Mâle.)
2. COUROLS. Courol vouroudriou. (Mâle.)

Pretre pinx.?   Turpin direx.?   Guyard sculp.?

COUCOUS. { 1. *INDICATEURS.* Petit indicateur.
         { 2. *BARBACOUS.* barbacou à bec rouge.

COUCOUS. { 1. *SCYTHROPS*. Scythrope *de la Nouv.le Hollande*.
{ 2. *MALCOHAS*. Malcoha *rouverdin*.

S.Tre.pinx.   Turpin direx.t   Rebel sculp.t

1. BARBU à gorge noire.

2. TAMATIA noir et blanc.

5. Bec du Barbu Barbican.

1. ANI des savanes *ou petit* Ani.

2. COUROUCOU à ventre jaune.

1. *ARACARI* à ceinture rouge.

2. *TOUCAN* Toco.

PERROQUETS.
1. ARA tricolor.
2. KAKATOÈS bancksien.

PERROQUETS.

1. PERROQUET NOIR à trompe.

a. Le bec ouvert et laissant voir la langue.

2. PERRUCHE ingambe.

Prêtre pinx!   Turpin direx!   Massard sculp!

1. *TOURACO* louri.

2. *MUSOPHAGE* violet.

1. *HOCCOS.* Hocco mitou.

2. *PEINTADES.* Peintade commune.

Pedretti *pinx.*   Turpin *direx.*   Guyard *sculp.*

1. *PAONS.* Paon *domestique.*

2. *DINDONS.* Dindon *domestique.*

1. *COQS.* Coq ordinaire.

2. *FAISANS.* Faisan doré.

1. *ROULOUL* de Malacca.

2. *TURNIX* à bandeau noir.

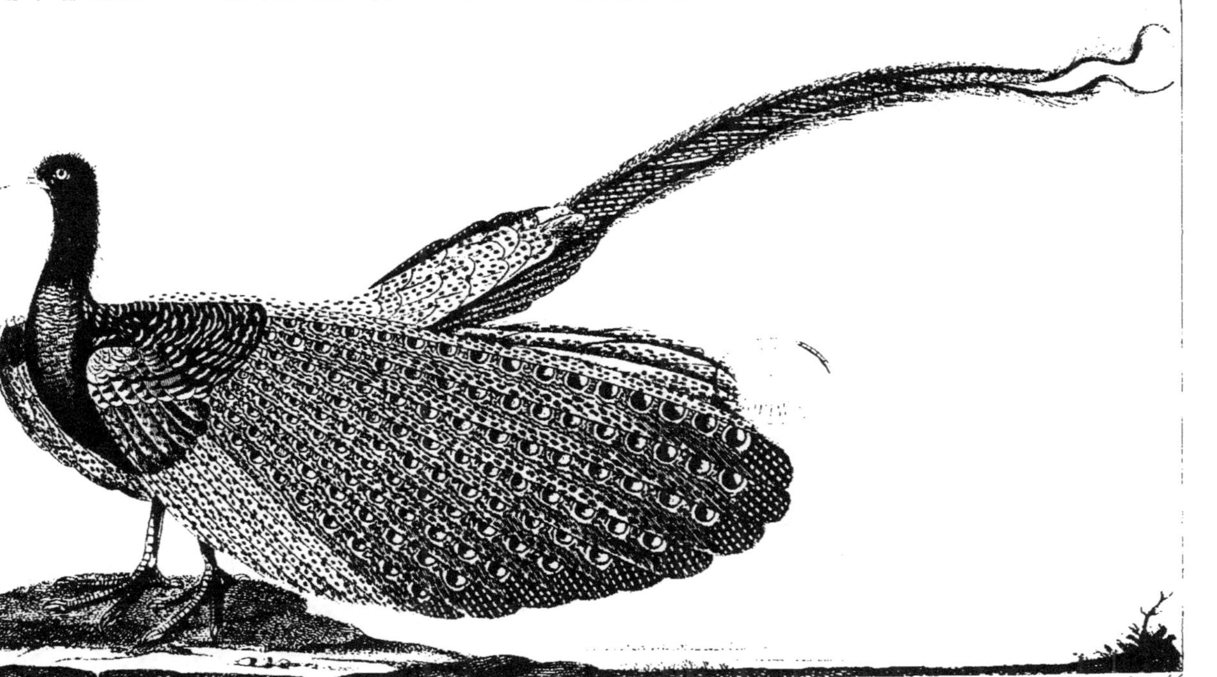

FAISAN ARGUS ou LUEN.

Prêtre pinx.t   Turpin direx.t   Massard sculp.t

MOMAL resplendissant.

1. *TINAMOUS.* Tinamou du Brésil.
2. *TÉTRAS.* Grand Tétras.

1. CAILLE nattée. *mâle.*

2. PERDRIX rouge.

MÉGAPODE ou TALON huppé.

FRANCOLIN criard.

1. *COLOMBAR* ou Pigeon d'Abyssinie.

2. *GOURA* ou Pigeon couronné des Indes.

L'AUTRUCHE de l'ancien continent. (Struthio.)

1.Pied de L'AUTRUCHE d'Amérique ou nandou (Rhea.)

1. CASOAR à casque, *de l'ancien continent.*
2. Tête du CASOAR de la Nouvelle Hollande.
2 a. Extrémité de l'aile, armée de son piquant. 2 b. Plume du dos. 2 c. Idem du croupion. 2 d. Id. du dos d'un jeune casoar.

1. GRANDE OUTARDE.

2. PLUVIER à collier.

3. Bec de l'œdicnème.

1. *VANNEAU* commun.

2. *HUITRIER.*

1. CARIAMA.

2. COURE-VITE.

GRUES. { 1 AGAMIS.   l'Agami.
        { 2 GRUES À BEC COURT. la Grue couronnée.

1. HÉRON commun.

2. SAVACOU.

1. RHYNCHÉE de Madagascar.

2. CAURALE d'Amérique.

Pretre pinx.   Turpin direx.   M.elle Coignet sculp.

1. *CIGOGNE* blanche.

2. *JABYRU*.

1. *OMBRETTE.*

2. *BEC-OUVERT.*

1. *SPATULE* rose.

2. *TANTALE* d'Afrique.

Peire pinx.　　　　　Turpin direx.　　　　　M.elle Coignet sculp.t

1. *BÉCASSE* ordinaire.

2. *BARGE* commune.

Turpin direx.t

1. *IBIS* sacré.

2. *COURLIS* d'Europe.

1. MAUBÈCHE grise.

2. COMBATTANT

1. *TOURNE-PIERRE* ou Coulon-chaud.

2. *ŒDICNÈME* à longs pieds.

1. *ÉCHASSE* à manteau noir.

2. *AVOCETTE* à calotte noire.

1. *PHALAROPE* roux.

2. *HÉLIORNE* ou Grèbe-foulque.

1. KAMICHI cornu.

2. JACAMA commun.

1. *RALE-D'EAU* d'Europe.

2. *FOULQUE* morelle.

1. *HYDROGALLINE ou* Poule d'eau *commune*.

2. *TALÈVE ou* Poule Sultane *ordinaire*.

1. *GLARÉOLE* perdrix.

2. *FLAMMANT* commun.

1. *CÉRÉOPS* cendré.

2. *COLÉORAMPHE* blanc *ou* bec en fourreau.

1. *GREBE* cornu.

2. *GRAND PLONGEON*. a. *Pied de Guillemot.*

Peuis pinx.   Turpin direx.   Coutant sculp.

1. PINGOUIN commun. a. Bec de macareux.
2. GRAND MANCHOT. a. Bec de sphénisque.
                   b. Bec de gorfou.

1. *PÉTREL* damier. 1.a. *Bec (³⁄₄ Grand. nat.)*

2. *STERCORAIRE* parasite. 2.a. *Bec (¹⁄₂ Grand. nat.)*

1. *ALBATROS.* l'albatros *commun (jeune.)*

2. *GOÉLANDS.* le goéland *à manteau gris.*

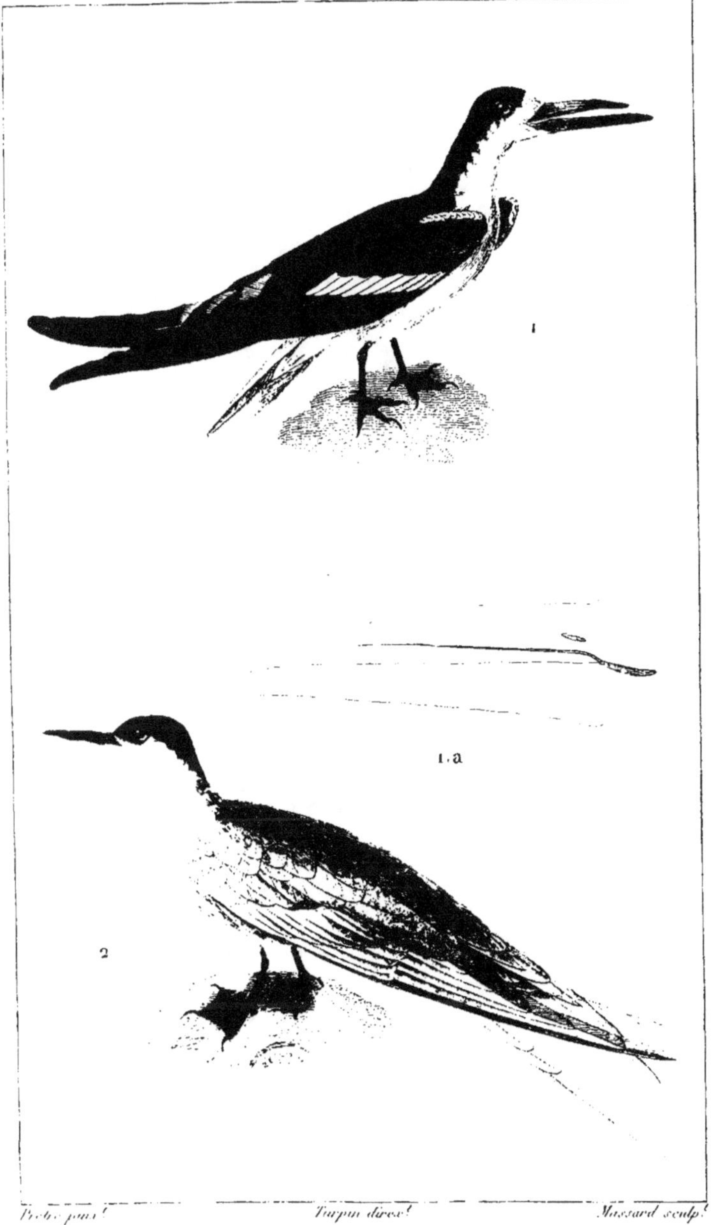

Bredin pinx.   Turpin dirext.   Massard sculp.

1. BEC-EN-CISEAUX. 1.a. Bec. (¾ Grand. nat.)

2. STERNE. Pierre-Garin.

Desg. pinx.t   Turpin direx.t   Massard sculp.t

PÉLICAN blanc.

de Bassan. 2.a. Bec (1½ Grand .   )

1. *FRÉGATE* ordinaire.

2. *GRAND CORMORAN.*

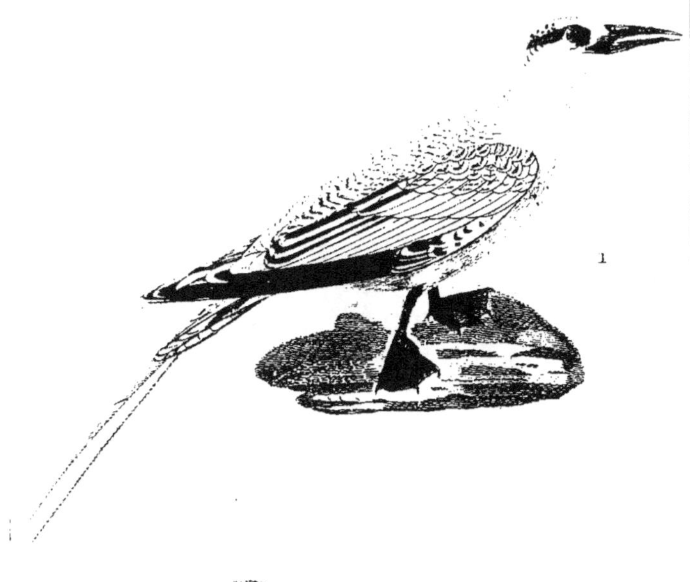

Prêtre pinx.t   Turpin direx.t   V. Plée fils sculp.t

1. PAILLE-EN-QUEUE ou PHAETON.

2. ANHINGA. 2 a Bec. (1/3 de Grand. nat.)

Bessa pinx.   Turpin direx.   Massard sculp.

1. CYGNE noir.

2. OIE sauvage.

1. *CANARD* ordinaire. *(mâle.)*

2. *HARLE* huppé. 2.a. *Bec.(¹/₂ Grand. nat.)*

www.ingramcontent.com/pod-product-compliance
Lightning Source LLC
LaVergne TN
LVHW011216170726
843501LV00002B/260